U0281546

穿搭也有公式

100个不过时的搭配

大洪洪 著

DRESSING FORMULAS

100

Timeless Combinations

電子工業出版社
Publishing House of Electronics Industry
北京 · BEIJING

未经许可，不得以任何方式复制或抄袭本书之部分或全部内容。
版权所有，侵权必究。

图书在版编目（CIP）数据

穿搭也有公式：100 个不过时的搭配 / 大洪洪著.
北京：电子工业出版社，2024. 11. -- ISBN 978-7-121-49037-8

Ⅰ. TS941.11-49

中国国家版本馆 CIP 数据核字第 2024RD0403 号

责任编辑：王小聪
印　　刷：天津画中画印刷有限公司
装　　订：天津画中画印刷有限公司
出版发行：电子工业出版社
　　　　　北京市海淀区万寿路 173 信箱　邮编：100036
开　　本：880×1230　1/32　印张：4.125　　字数：107 千字
版　　次：2024 年 11 月第 1 版
印　　次：2025 年 4 月第 5 次印刷
定　　价：42.90 元

凡所购买电子工业出版社图书有缺损问题，请向购买书店调换。若书店售缺，请与本社发行部联系，联系及邮购电话：（010）88254888，88258888。

质量投诉请发邮件至 zlts@phei.com.cn，盗版侵权举报请发邮件至 dbqq@phei.com.cn。

本书咨询联系方式：（010）68161512，meidipub@phei.com.cn。

献给热爱生活，爱漂亮的你，
爱美的路上不孤独。

序言

Preface

大家今天过得好吗？

至今，我仍然难以置信，从撰写公众号文章，到制作短视频，再到如今通过出版书籍与大家交流。现在的感受有种梦想成真的悬空感，我从来没有想过，因为一份热爱，可以收获这么多人的喜欢。

有一天下午，我刚下播正在吃午饭，我的合伙人说："我们今年出一本书吧，出版社我已经联系好了，你觉得怎么样？"

坦白讲，我几乎是不假思索地答应了这个看似冲动的提议，尽管内心有一丝忐忑，担心自己是否具备足够的资历来出书。随后，我陷入了长久的思考，究竟该与大家分享什么。

是看起来我很会搭配、很牛，还是让大家觉得我好有品位？但最终这些想法都被取消了，因为我希望这本书不是聚焦在"洪洪"本身，而是成为大家在日常生活里，"不知道穿什么"的时候，可以随手翻翻的读物。

在这本书里，我放了好多好多的搭配图，与其长篇大论地讲道理，我更希望大家随手一翻就能直观地找到穿搭灵感，轻轻松松、没有负担。我见过不会穿而自卑的自己，我也见过因为会穿而得到很多机会的自己，所以搭配本身对我来说，并不仅仅是穿衣或者是变漂亮这么简单，更多的是，在打扮自己的过程中，内心获得了很大力量，我很希望把这份力量传递给大家。

我打小就是特别爱臭美的人，但在我 16 岁第一次去英国读书的时候，跟身边的人一对比，我就很像一个刻意打扮自己的丑小鸭。那个时候的我内心非常自卑，我希望让自己变得好一点，而改变外在是一个开始，也是一个最直接的方式。

第一次感受到被肯定的时候，是有一个女生看我戴着 Fossil 的一款手表，为了要购买链接，加了我的微博聊了起来，这是我在英国的第一个朋友。第二次，是我 26 岁去面试第一份工作——一个有千万个读者的公众号的时尚编辑的时候。当时的我是一个没有任何写作经验的新人，但我就是抱着“我很爱漂亮，我可以”的信念，在 200 个面试者里面脱颖而出。老板最后选择我的原因是，“你很会打扮，而这是一个对时尚编辑最基本的要求”。

其实关于这样的故事还有很多很多，以后我会慢慢跟大家分享。我今年 31 岁，这是我创业的第四年。我是因为“爱漂亮”收获了很多，所以走上了跟大家“分享美”这条路。如果说每个人在这个世界上都会有一个使命，那么我的使命就是陪伴你们，找到属于你们的独特的美。

目录 Contents

穿搭也有公式
100 个不过时的搭配

100 个不过时的搭配

Part1

1

四季必备——白T恤

我衣柜里的常驻嘉宾——白 T 恤

说起我衣柜里囤得最多的单品，那绝对是白 T 恤！清爽的颜色和简洁实穿的版型，可以位列我心中经典单品的 Top1。它就像衣柜里的中和剂——不论是叠穿在衬衫或是牛仔外套里作为内搭，还是穿在卫衣里露出底摆一点点，都可以让穿搭的风格在通勤和休闲中随意切换。

唯一需要注意的是，白 T 恤虽然基础且百搭，但是越基础的单品越需要好的质感来为造型加分。

然而，选购一件经典耐穿且质感好的白 T 恤却不是那么简单的。作为一个拥有数十件白 T 恤的人，我总结了三点给大家参考。

面料不透，足够柔软，版型和剪裁优雅。

之所以把不透放在第一个，是因为我不希望白 T 恤透出内衣，尤其是黑色内衣，在夏天的时候真的超级尴尬。当然，白 T 恤不透色，也能最直接凸显出品质。（Tips：在买白 T 恤的时候可以把手机伸到衣服里来观察它的透色程度。）

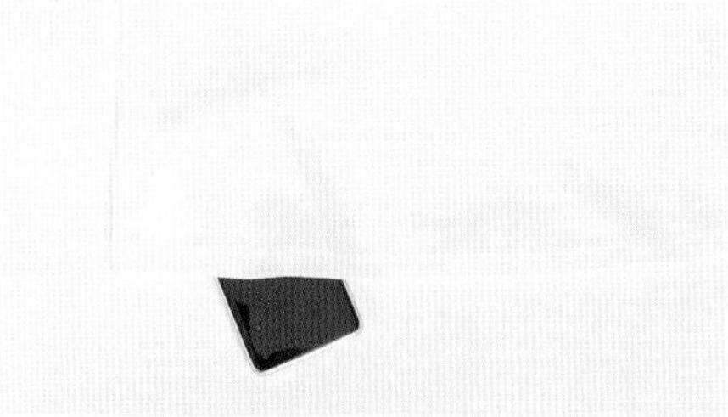

第二个是面料要足够软。很多纯棉类的T恤会越洗越硬，越穿越紧绷，而且底摆也会很容易起球。可以考虑选择有少量氨纶的纯棉混纺面料，它的弹力更好，方便打理，表面平整不易皱，舒适度也更高。当然如果想要质感更好一点，价格更昂贵一些的匹马棉面料也是不错的选择。

我总说，好的版型就是你单穿一件，没有什么其他配饰，你都觉得它好看。

所以第三个也是最重要的一点——版型和剪裁优雅，这是不是听起来特别让人头大？什么样的版型是好的，要看哪里的剪裁？

领子、肩膀和衣长

很多上半身比较有肉的女生都知道要避开小圆领，但领口并不是越低越好，过大的领口容易显得人没精神，同时也会暴露斜方肌的问题。所以领口尽量卡在我们锁骨窝的位置会比较显瘦（开口直径在21cm左右）。

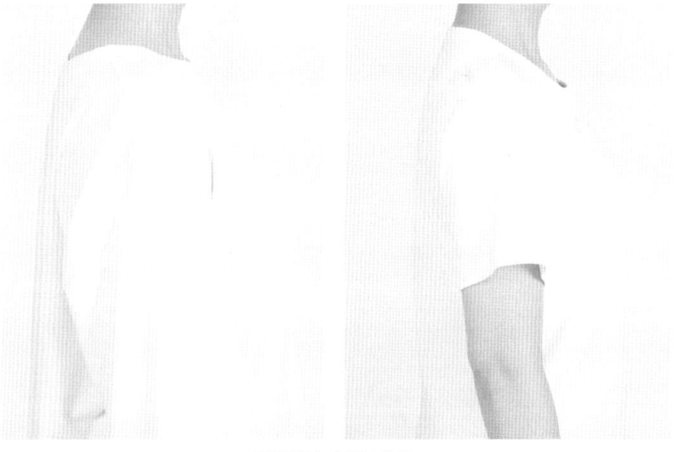

领口过大 / 领口合身

正肩T恤比落肩T恤显瘦得多，但不一定要买肩宽正好的码数，在自己本身的肩宽上加2cm左右的小落肩跟正肩也有一样的效果。

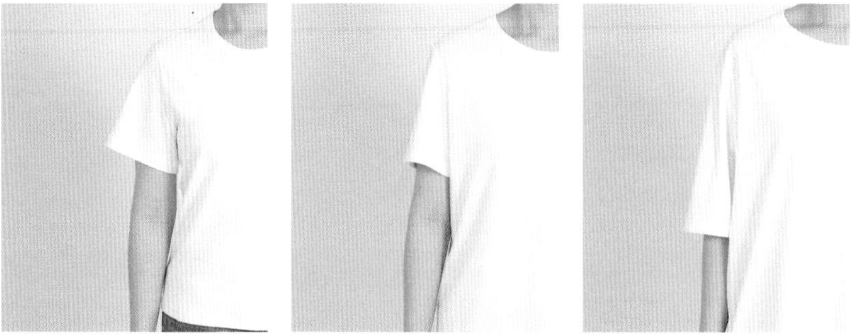

正肩 / 小落肩 / 大落肩

衣服不能太长。我对T恤的长度要求是，不论底摆塞不塞到裤子里都不显矮。这就是对的长度。身高在160cm以下，衣长差不多在57cm左右；身高160~165cm，衣长在58~60cm；身高165~170cm，衣长在60~65cm。量不准的话，我个人的经验是，一般底摆在手腕处左右，衣长是比较合适的。

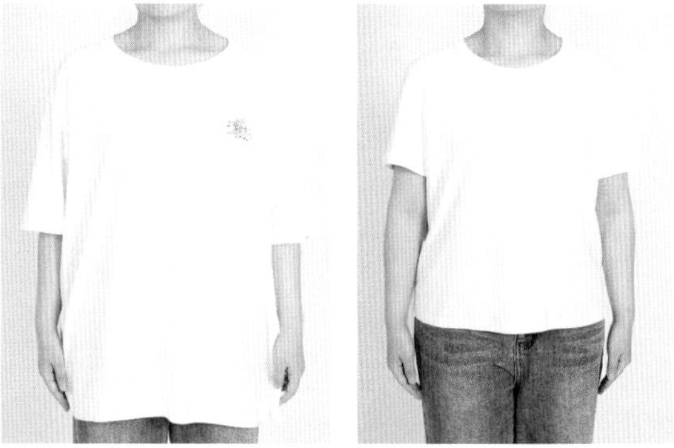

衣长过长 / 衣长合适

Tips

关于避免 T 恤变形的一些建议

如果想要避免领口变形，领圈内侧尽量选择有加固带的。我有一件百十来元的 T 恤穿穿洗洗了三年依然没有变形，就是因为领口的二本针（两圈缝线）加上了加固带。底摆尽量选择三本针（三圈缝线）的，不飞边，也会更耐穿。

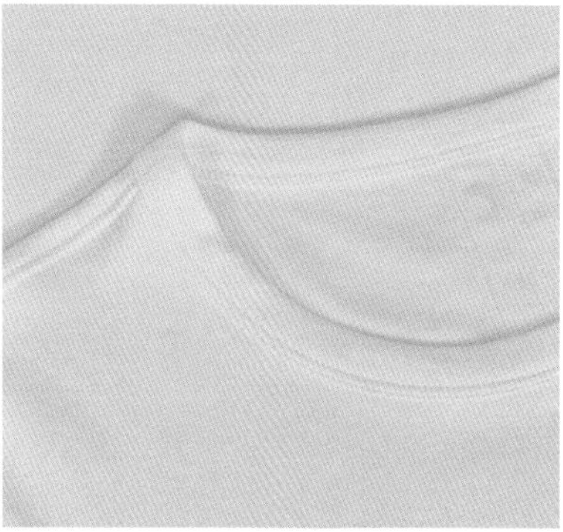

领口 / 底摆

如何保养?

白 T 恤十分容易发黄，我个人的习惯是一件 T 恤只穿一天。在清洗的时候，在领口先涂好衣领净再放入洗衣机，最大限度地保持领口的洁净，这也是让 T 恤穿着更有品质感的方法。

对了，经常清洗会加重衣服的磨损，所以在放入洗衣机前尽量套好洗衣袋。

搭配
001 工作日

白 T 恤 + 白衬衫

白 T 恤是自带休闲属性的单品，在职场的装扮中，最简单的就是用它来搭白衬衫，加上任意一条牛仔裤，就是一身很清爽的上班搭配！记得把 T 恤的下摆塞进高腰牛仔裤里，这是显高妙招。

搭配
002 休息日

白 T 恤 + 吊带裙

若担心一件 T 恤单穿太过单调，可以把它作为吊带裙的内搭，气质上会更显活泼俏皮。再配一双帅气十足的牛仔靴，这一套很适合度假。不论是行走在街边还是海边，都会非常出片。

搭配
003

白 T 恤 + 马甲背心

我很喜欢白 T 恤叠穿针织背心的休闲和松弛感，如果套一件黑西装加长靴，这又是很时髦的上班的搭配。当然如果下半身把短裤替换成阔腿西装裤则更适合严谨的工作场合，我们后面在分享阔腿裤的时候会详细说。

搭配
004

搭配
005

白 T 恤 + 牛仔短裙

字母 T 恤会更有休闲感，当上半身的元素比较复杂的时候，下半身尽量保持简单。包包用到了很特别的镂空编织，类似电影结尾的彩蛋，发现的人会觉得很惊喜。搭配就是这么有趣的事情。

白 T 恤 + 背带阔腿裤

这是小个子非常显高的一种白 T 恤穿法，模糊腰线的同时，看起来好像全是腿。如果背带裤是比较有垂感的，白 T 恤也要一样是垂软的材质，搭配起来会更和谐。如果想让自己看起来风格感更强，腰链的金属感会令人眼前一亮。

搭配
006

白 T 恤 + 小黑裙

这套造型里的单品用到了长袖白 T 恤。在初秋的时候，一件皮衣外套加白 T 恤就是实用且有风度的代表。不过我为了不让搭配看起来过于硬朗，下半身配了一条柔软垂顺的小黑裙，整体感觉会更柔和。

搭配
007

白 T 恤 + 针织开衫

这也是一组换季必备的搭配。如果针织开衫比较厚，白 T 恤也要相应地选择有厚度的款式，整体的搭配会更加和谐且有质感。短裙的搭配对小个子女生更友好，如果身高超过 165cm，下半身换成白色长裙则会更合适。

搭配
008

白 T 恤 + 风衣

白 T 恤是非常适合搭配风衣的单品，不管什么身材都能很简单地穿着好看。当上半身的元素比较复杂的时候，牛仔裤 + 小白鞋是不错的选择，细节上加一双红色的袜子配合红色的帽子，看起来更可爱。

搭配 009

搭配 010

白T恤+皮质短裤

黑白配往往会给人一种过于冰冷、难以靠近的高冷感，而挺括的皮质短裤+柔软的白T恤+中性感十足的马甲，则削弱了黑白配的硬气，增强了风格属性。如果你是属于四肢比较细、中段比较有肉的梨形或者苹果形女生，这组搭配就很适合，露出纤细四肢的同时，把肚子、胯和大腿的肉都藏起来了。

白T恤+针织开衫+长裙

我每年最常用的搭配方式就是把白T恤作为打底，在简单的针织开衫里露出一点白，下配一条长裙，平淡的搭配就有了一点特别之处。如果没有这点白，这套搭配会逊色很多。

搭配
011

白 T 恤 + 亮色西装

当很多意想不到的颜色互相组合时，内搭选来选去好像只有白 T 恤可以胜任。我特别选了同色系的衬衫增加一点细节，意外地合适。虽然单品细节比较多，但整体看下来，全身只有白、蓝、黄三种颜色，视觉上不会觉得很乱，反而更有层次感。

搭配
012

白 T 恤 + 半长裙

我很推荐上班的白领姑娘们尝试白 T 恤 + 半长裙的组合，优雅又很得体。对于上半身比较有肉，尤其是斜方肌比较明显的女生，可以在白 T 恤的基础上，多披一件亮色的针织衫，在对抗办公室空调冷气的同时又能遮住斜方肌。

搭配
013

白 T 恤 + 西装

在我很多灵光一闪的搭配思路里，白 T 恤都是不可或缺的单品。如果不太喜欢基础的白 T 恤穿法，可以试试这一套，我尝试将长衬衫叠穿在西装里，内搭用到了一件比较厚实的白 T 恤，混搭到了极致，有点帅气的女人味。

Part1

2

适合任何年龄段——白衬衫

我的最爱——白衬衫

当我不知道穿什么的时候，我总会穿白衬衫。

衣服越买越多，爆款永远穿不完，但一件又一件，最爱的还是基础款白衬衫！大概是觉得从来没有哪件单品可以像白衬衫那样，既能让十几岁的少女活力四射，又能让三十多岁的女人显得优雅睿智。

白衬衫不仅和白T恤一样百搭、实穿，还比白T恤多了一种洗尽铅华的气质！很多优秀女性的日常穿搭中，白衬衫几乎是伴随她们起伏一生的单品。其中，被誉为“白衬衫女王”的Carolina Herrera就说过：“当我不知道穿什么的时候，我总是会穿白衬衫。”

不过，白衬衫也存在一个问题。因为有制服的规范，所以很多行业里白衬衫都是工作装的标配。那怎样既能保留住白衬衫的那份优雅气质，又能摆脱它的刻板印象呢？这一节我想从衬衫款式的选择，以及上身的穿搭公式两个方面，说说我的解决方案。

我是怎么选一件好穿的白衬衫的？一看面料二看版型。

面料要够柔软，同时不透不皱。想摆脱白衬衫的刻板工作服的印象，首先面料不能太硬。

硬挺的面料会给人比较严肃、专业的感觉，而柔软的面料会自带休闲柔和的感觉。我自己在日常搭配中最常用的是莱赛尔的面料，柔软中带有一定的厚度，搭配度更高，可以塑造的风格也更多。

而不透不皱是我选白色单品的时候统一的标准（并不是唯一，但想要白色单品搭配度高的话，这是个很取巧的挑选标准）。在很多上班快迟到的日子里，最打动我的单品就是免熨烫、套上就走的白衬衫。久坐办公室开会的时候，站起来也不会因为它皱了而尴尬，这种穿着体验对我这种懒人来说真是超棒。

买衬衫的时候怎么判断是否易褶皱？用手用力捏一下衬衫面料，褶皱特别深的，基本穿到下午就皱到不行。如果是下面右图这种（莱赛尔）就刚刚好，穿一穿也会褶皱，但会随着时间变得平一点。

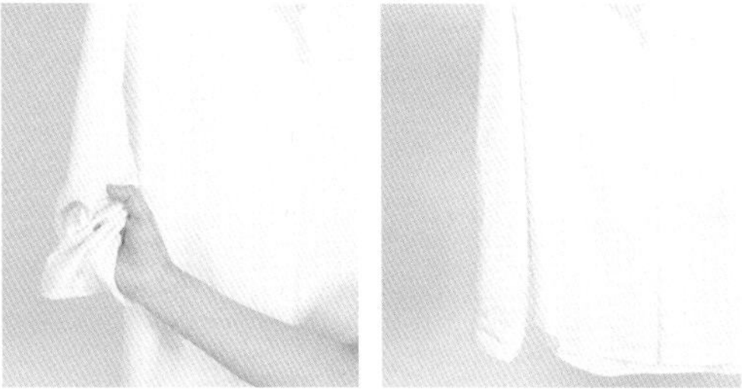

版型要微正肩且松弛有度。一味地追求宽松并不会让衬衫的穿着率更高，反而在我一众的白衬衫里，合体的 H 形（从腋下到下摆呈直线状）加正肩的款式是我穿得最多的。另外要注意，下面右图的这种 X 形是在一众白衬衫里非常容易穿出制服感的款式。

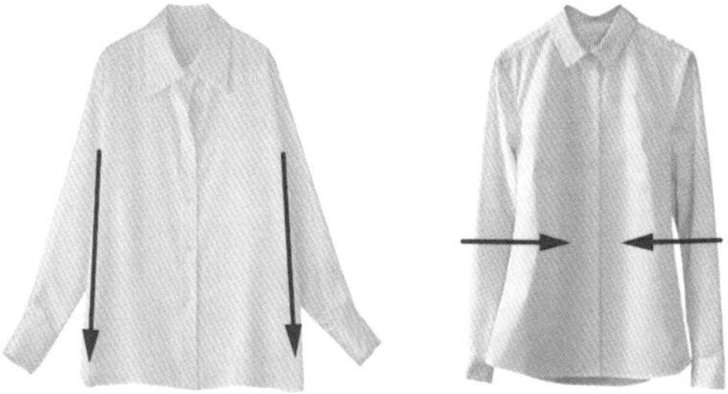

H 形 /X 形

搭配
014 工作日

白衬衫 + 黑色阔腿裤

这一组搭配是比较轻熟的搭配。为了平衡正式感，我的阔腿裤选了超长高腰的款式，风格上会更偏我理想中女性在职场中的形象，正式但不刻板。领口的丝巾是增加优雅女人味的关键。

搭配
015 休息日

白衬衫 + 法棍牛仔裤

白衬衫想要穿出休闲感，最简单的搭配就是牛仔裤，特别是我选了一条九分法棍裤，用丝巾做发带，加上小红鞋和草编包，是法式优雅的感觉，带一点慵懒，又有一点优雅，看似漫不经心，却处处透露出时髦感。出去玩想拍照的时候，这一套就是连背影都好看的搭配。

搭配
016 工作日

白衬衫 + 半裙

白衬衫与半裙的经典搭配，可以从春天一直穿到夏秋。为了避免职场感过重，半裙的颜色选了湖水绿，与白衬衫一繁一简相互映衬，既好看又能穿出高级感来。

搭配
017 休息日

白衬衫 + 亮色针织背心

这套的重点在休闲感单品的加入。同样的白衬衫、黑裤子，增加亮色针织马甲后整体风格变得自然又随性，棒球帽和丝巾的细节我也很喜欢。另外我自己在穿白衬衫的时候，不一定每次都会把底摆扎进裤腰里。在穿针织背心的时候露出一点衬衫的底摆，反而会让人看起来非常松弛。

搭配 018

白衬衫 + 牛仔马甲

我非常喜欢这套牛仔套装和白衬衫的组合，既有一点熟女的精致，又不乏松弛随性的感觉。牛仔马甲本身休闲有余精致不足，珍珠项链可以很好地中和这一点。

搭配 019

白衬衫 + 牛仔裤

夏天要多穿一点蓝色，白色 + 蓝色就像天空和海洋的颜色，是最让人舒服的颜色组合。为了让穿搭的层次感更丰富，我在白 + 蓝的基础上增加了一点点玫红色，是我在度假和约会朋友时会穿的造型，舒适又有细节。

搭配/020

白衬衫 + 皮质马甲

皮质马甲我买了很久一直没穿，偶然在一个杂志里看到了这个造型，赶紧穿起来，配上白衬衫，有点中性的潇洒味道。另外，在这组搭配里，牛仔裤一定要够长，很适合腿形和比例不好的女生塑造大长腿的同时，够飒够美。

搭配/021

白衬衫 + 吊带连衣裙

不同的白衬衫可塑造的风格可谓千差万别，难得一件娃娃领的白衬衫，我用来组合了收腰的黑色连衣裙，优雅又有点可爱。在不知道穿什么的日子里，这套搭配可以让你看起来很会打扮。

搭配
022

白衬衫 + 西装

很多我喜欢的配色组合，比如浅咖色西装和淡紫色半裙，好像可以把它们串联起来的只有白衬衫。这件衬衫常被我叠穿在外套里，非常柔软，这样在叠穿的时候才能不显得臃肿。

搭配
023

白衬衫 + 条纹衫

这组搭配让我莫名觉得很有少年感。将衬衫像开衫一样直接敞开套在条纹衫外，作为叠穿的中间部分，套一件咖色风衣，这种简单组合是我开春和入秋常用的穿搭方式。衬衫不必塞到裤子里，随着走动隐隐约约的层次感，看起来更有风格。

搭配
024

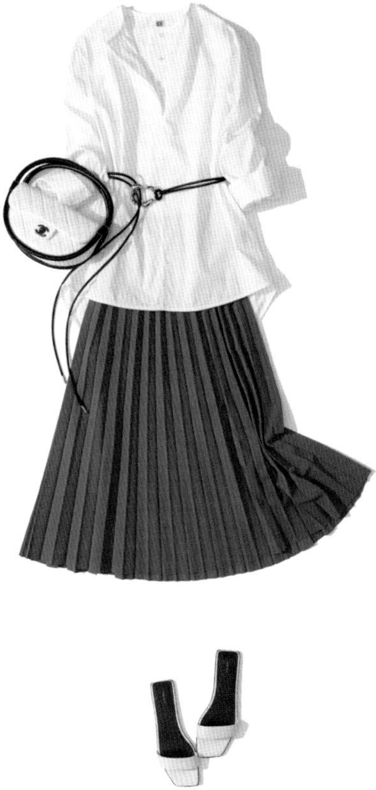

搭配
025

白衬衫 + 百褶裙

白衬衫就像中和剂，我很爱用来搭配一些颜色夸张、超长的半裙，把底摆松散地拉出来，加一条造型感强的细腰带，更显得身材修长。这种长 + 长的组合也推荐给小个子的女生，尝试一下会有意外收获。

白衬衫 + 阔腿裤

如果你觉得白衬衫还是比较单调，可以尝试一下细细的条纹图案。这是比较私心的推荐，严格来说不算白衬衫，但我自己非常喜欢这种米色调配一些雅致的条纹，搭配全身同色系，有一种时髦又内敛的美感。

Part1

3

我的搭配利器——条纹衫

条纹有漫不经心的高级感，经久不衰

条纹一直都是我超级爱的元素，从睡衣到T恤、披肩、衬衫、毛衣、裙子……这些条纹单品我全部都有！但每次再看到，还是忍不住会买。在我的定义里，条纹是一个很好的过渡色，可以跟衣柜里的任何一件单品搭在一起，让衣柜里的衣服“活起来”。

你们不是一直问我，要怎么穿才能穿出时髦感吗？我喜欢在穿搭里加亮色，但亮色对很多人来说，可能有点太高调，一开始不敢尝试，就可以从条纹这个元素开始试起。条纹衫带给人那种松弛的好看，正符合我们一直追求的不费力的时髦。

那么，怎么选到一件好穿又百搭的条纹单品呢？

拒绝过宽的条纹和大落肩

条纹单品有很多，条纹的粗细、颜色不同，所呈现的效果也不同。不过论显瘦程度，肯定是细条纹比宽条纹更显瘦。重点是细条纹拥有极强的立体性，而且非常不挑身材。

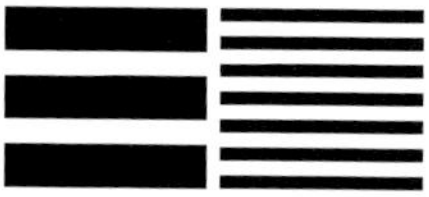

同等宽的方块，填充宽条纹的方块膨胀感会更强

试了很多条纹之后，我发现条纹的宽度在一指宽左右是比较合适的，对身材的包容度也更大。

版型则不太推荐太宽松的大落肩款式，小个子很容易撑不起来，显得不够精神，还会很压身高。可以选适度宽松正肩的款式，底摆不到大腿根，这种条纹衫无论是单穿还是叠穿在外套里，都很合适。

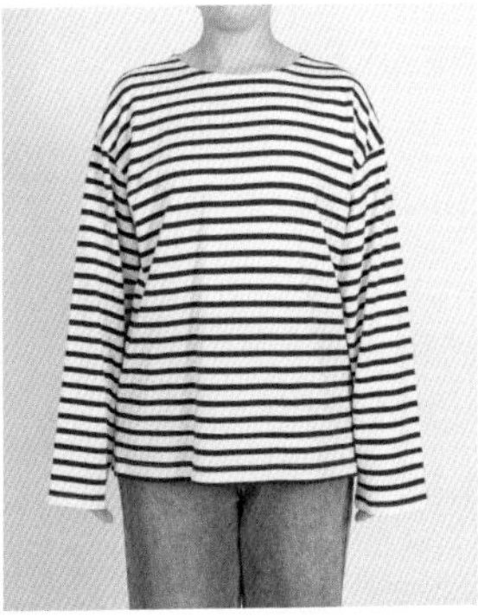

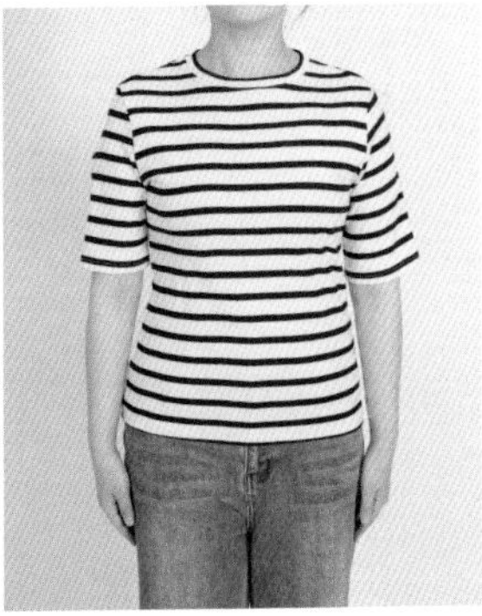

黑白基础色条纹更耐穿

彩色条纹会比较有个性，蓝色、绿色、红色，感觉都自带复古感，不过我个人会更偏好黑白条纹，实穿性和百搭度都要更高一些。推荐大家一个比较“作弊”的款式——胸口有留白的海魂衫，这个款式会更不挑人，因为条纹离脸部比较远，对脸型和面色影响都比较小，又很好搭配。

搭配
026 工作日

条纹衫 + 小香风外套

这两年很火的小香风，有很多类似的搭配方案。我最近刚好淘到了一件藏青色、金扣的小香风外套，因为整套颜色比较暗，所以利用条纹衫打破了色彩上的沉闷，整体风格也多了点学院风，是职场也能驾驭的休闲风。

搭配
027 休息日

条纹衫 + 阔腿裤

条纹衫很适合度假穿。这组搭配要注意色彩配比，柔和的米白色、低调的大地色，用同色系搭配最显高级感。我能想象我穿着这一套出现在海边悠闲地散步的惬意。想要转换心情的时候，可以试一下这个搭配方式。

搭配
028 工作日

条纹衫 + 宽松衬衫

把针织衫披在肩膀上的穿法这几年蛮火的，不但能让穿搭的层次感更加丰富，在穿纯色衣服的时候，披条纹针织衫的好处在于，黑白的配色完全不用担心和其他衣服的搭配度的问题。黑白条纹针织衫几乎能跟所有纯色的衣服搭在一起。到了室内也可以作为小外套抵抗空调的冷风，这也是我在夏天格外喜欢把它当披肩的原因。

搭配
029 休息日

条纹衫 + 圆领卫衣

我这件卫衣是灰色的，单穿其实会有点不太显气色，所以用了条纹衫内搭去代替白 T 恤，露出底摆细细的一条，让它看起来更有趣，也更有层次感一些。这种穿法很适合小个子穿大卫衣的时候，底摆的分割会强调腰线，不会让衣服把身高“吞没”。（穿卫衣的时候，把袖子往上捋一点，看起来会更显利落哦。）

搭配 030

条纹衫 + 无袖连衣裙

一件式的无袖连衣裙可以为出门省去搭配的烦恼，但说到底过于素净单一，那就稍微做点加法，比如披一件条纹衫，提升整体的搭配效果，同时也遮住了一部分斜方肌。条纹衫的材质最好薄一点，太厚的话打结的时候，上半身比较肉，胸围比较大的女生胸前会鼓出一大坨不好看。

搭配 031

条纹包 + 休闲衬衫

不太穿条纹衫的女生，推荐大家把条纹元素放在包包上，尤其是夏天“热得要命，哪有心情时髦啊！”的时候，一个条纹包包的加入可以让懒得搭配的女生马上有“好好打扮过的样子”。（夏天不想露手臂的话，薄透的衬衫加上蕾丝背心是个不错的选择。）

搭配 032

搭配 033

条纹衫 + 蓝衬衫 + 卡其色风衣

这组公式前我加上了颜色的限定方便大家尝试。如果你是小个子不太敢大面积尝试条纹，叠穿衬衫 + 风衣外套是很时髦且日常的搭配方式。想要下半身更显腿长的话，可以尝试一下与风衣同色系的短裤。在我一众衬衫和风衣里，蓝色和卡其色这组百穿不厌的搭配推荐给大家，非常好看而且不挑肤色。

条纹衫 + 短外套 + 阔腿裤

这组搭配推荐给所有需要带娃出门的妈妈们，出行方便却依然很好看的穿法。短外套和阔腿裤会让人看起来比例很好，同时条纹衫在里面做点睛之笔的内搭，时髦感就在这一点点元素上了。(大包包和亮色披肩，我推荐给了身边好多宝妈，实用又百搭。)

搭配
034

条纹衫 + 针织开衫 + 西装

这个组合是一个非常书生气的搭配方式，有文质彬彬的感觉。这个搭配组合很适合上半身肉肉的女生，针织衫叠加西装可以控制条纹露出的面积，不会横向拉宽上半身，同时条纹的加入还可以增加层次感，是非常取巧的穿法。当然条纹衫和针织衫尽量选择薄一点的更好叠穿。

搭配
035

条纹衫 + 宽松卫衣

卫衣想要穿得时髦还是要讲究点技巧的，不然松松垮垮的，很容易穿成家居服。我自己习惯在里面叠加一些细节，比如露出里面条纹衫的底摆和袖口，整体看起来会更时髦。如果是比较俏皮可爱类型的女生，可以试着加一条蕾丝短裙，不同风格单品的碰撞往往有意想不到的惊喜。

搭配
036

搭配
037

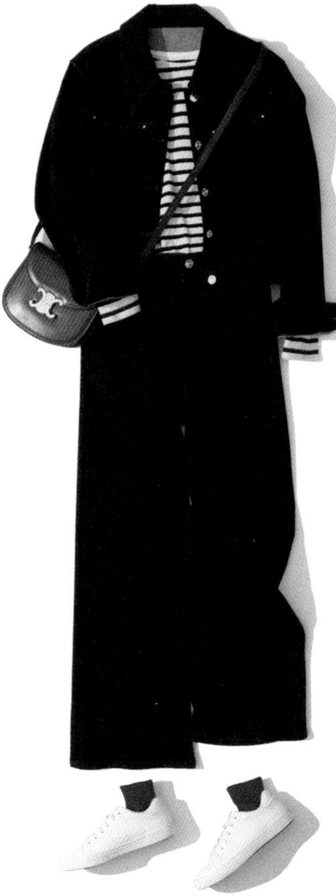

条纹衫 + 亮色阔腿裤

如果你是像我一样个性比较张扬的人，把裤子换成红色的拖地裤，风格感会更强。条纹的休闲感会很好地中和亮色带来的视觉冲击！阔腿裤尽量选择高腰的款式，可以修饰任何腿部不完美的线条。配饰可以选黑金配色的单品，黑白红金也是我常用的配色组合，每次穿都会有不同的新鲜感。

条纹衫 + 牛仔套装

一般条纹衫最不费脑的穿搭方式，就是叠穿套装。想要风格感更强的话，推荐大家试一下牛仔套装，黑白条纹跟深色、浅色的外套都很适配，整体的层次感也要比搭白 T 恤丰富很多。全身的颜色比较少的话，整体看起来可能会有些素，可以增加一点红色的单品做细节上的点缀。

Part1

4

温柔女性的选择——针织开衫

针织开衫是我所有基础款里的“中央空调”

针织开衫因其柔软的质地与温柔娴静的气质，无论是搭配文雅知性的知识分子风格，还是略显慵懒的老钱风，都能完美驾驭。

在忽冷忽热的换季期，早晚温差大，穿薄了怕凉，穿厚了怕热，针织开衫进可当外套，退能做内搭，太热搭在肩上，还能增加整体搭配的细节感，是我所有基础款里的“中央空调”。

不过在我收到的大量的留言里，大家对针织开衫有两个顾虑：一个是容易显胖，另一个就是容易显老气。我们该如何避免臃肿老气，选到经典百搭的针织开衫呢？

面料是针织衫的灵魂，避免选择那些易造成视觉膨胀感的材质。

开衫作为针织类单品，针线粗细不同，衣服的厚度也不一样。臃肿，主要是因为选择的针线材质过粗。粗棒针线因为蓬松镂空的质感，厚度在视觉上就会加宽放大，穿在身上自然也会胖一圈（比如马海毛、兔毛、厚

厚羊毛

羊绒

羊毛等自带绒毛的材质），而选择薄细的纱线就可以避免这个问题。我自己会更偏好细软的天然材质混纺，如棉、蚕丝、羊绒等，贴身穿也很舒服。

肩线不能太低，长度尽量不过臀。

针织开衫，因为材质柔软，上身会特别贴合身体线条的走向，窄肩、溜肩的女生如果选择落肩的款式，袖子格外肥大，会让肩和手臂连在一起，穿上整个人都是圆圆的，显得不修边幅。而正肩的针织衫，因为肩线刚好卡在肩部，即使窄肩、溜肩也能撑出较好的肩膀线条，让身姿更挺拔。

整体的长度尽量不超过臀部一半，如果长度卡在臀胯最宽的地方，整个人会被横向拉宽，特别是塞底摆的时候，很容易显小肚子。

选圆领还是 V 领?

如果你看过很多穿搭知识，会发现很多所谓的百试不错的穿搭公式，其实非常死板。比如圆脸多穿 V 领，窄长脸多穿圆领。理论是不错，但是在我看来，实用性比较低。拿我们开篇说的“针织衫容易显老气”来说，如果你是 20 岁左右的年纪，肉肉脸，V 领当然可以修饰脸型、减弱圆钝感，但也会给人过于成熟的感觉。

单从领形来看，V 领显瘦但自带熟龄感，圆领则更加休闲减龄。但作为一个圆脸女生，我会更推荐大家选择圆领开衫，搭配度更强，只要在穿圆领的时候解开一两颗扣子，制造空间感，虽然不至于让你马上就能瘦四公斤，但也可以达到 V 领修饰脸型的效果。

如果你更喜欢 V 领，同时想要避免领形带来的成熟感，可以在颜色上做调整。可以选择亮色或浅色的开衫，或者在搭配的时候多用休闲类型的单品。这点我们在下面的搭配中也会提到。

搭配 038 工作日

针织开衫 + 阔腿牛仔裤

针织开衫单穿加阔腿牛仔裤，是非常随性的上班搭配。我很喜欢这件有点小镂空的开衫，镂空度刚刚好，不会太透。它的花纹是比较平面的，没有很夸张的立体花纹，而且针织的缝隙比较松，反倒给人一种很轻薄感，适合春夏过渡时候穿。如果对于着装没有硬性要求的话，可以尝试一下这种休闲清爽的装扮。

搭配 039 休息日

针织开衫 + 碎花裙

碎花裙是春天气息最浓厚的单品，用开衫搭配更有慵懒的感觉，将女性的曲线感描绘得淋漓尽致。要注意的是，这类印花不规则且面积比较大的花裙子不适合小腹比较肉的苹果形女生。

搭配
040 工作日

针织开衫 + 西装外套

只要有灰色的开衫，就可以毫不犹豫地跟藏青色的西装一起叠穿，整体风格有一点精英的书卷感。这种宽松的小圆领针织开衫非常适合偏草莓形身材的女生，尤其是在穿廓形外套时，针织内搭还能在视觉上提拉腰线，穿出大长腿的效果，削弱上半身的厚重感。

搭配
041 休息日

针织开衫 + 伞裙

这个组合很适合小个子，上下身利用同色系打造高挑的视觉效果。另外我很喜欢在这种薄薄的针织开衫里叠加亮色的背心，全身基础色加上一点亮色，大方得体又很有细节感。（灰色针织开衫叠穿蓝色背心是个不错的配色方案。）

搭配
042

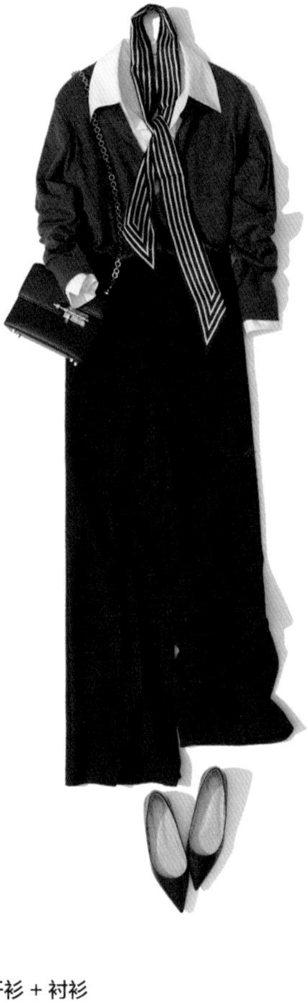

针织开衫 + 衬衫

我曾经在很多美剧里看到利落飒爽的白领们，穿着灰色的针织开衫搭配挺括的白衬衫穿梭在写字楼里，这套搭配灵感也来自于此。另外我自己的喜好是在这种比较“硬气”的搭配里，加点女人味的细节，比如颈部的条纹丝巾和阔腿裤下红色的尖头鞋。

搭配
043

针织开衫 + 纱裙

不同材质的碰撞总会有不一样的火花，纱裙不是我舒适区的单品，太过少女气，只是偶尔尝试和印象里“老气”的灰色开衫搭配，竟显得很有趣。颜色一明一暗，材质一轻一重，有少女的气质，同时又优雅大气，是可以穿着约会或者看展的造型。

搭配
044

搭配
045

针织开衫 + 高领内搭

这原本就是老钱风的标志性穿搭公式之一。搭配条纹的针织半裙下装，又有点趣味减龄感，同时非常显个高。如果想让自己非常有气场，可以通过塞衣摆来调整上半身的比例，将上半身在最大限度上压缩，配合同色系外深内浅的穿法，整个人的气质就是温柔又有力量。

针织开衫 + 牛仔阔腿裤

这样搭配有休闲感，但又能给人留下精心打扮过的印象。我额外在腰间利用丝巾做了腰带，格外强调了腰线的部分。无论是悠闲的春日散步，还是热闹的聚会活动，这个穿搭公式都会让你时髦且自在。

搭配 046

针织开衫 + 伞裙

轻薄的针织开衫加上很有垂感的大摆伞裙，混搭了一件女人味十足的蕾丝背心，自带慵懒随性气质。我很喜欢这一组的配色，整体的色调是糅合了一点点白色的蓝，有种暖洋洋的春日氛围。另外，有小肚子的女生可以借鉴这种开衫半敞不塞进裙子的穿法，非常不挑身材。

搭配 047

针织开衫 + 棉麻阔腿裤

我真的很爱用薄薄的针织开衫加上棉麻类的阔腿裤，穿上身的时候已经幻想自己正在度假中了，下个楼就能出现在海边。注意：当针织开衫比较薄的时候，下半身一定不要太过厚重，否则看起来会闷闷的。

搭配
048

针织开衫 + 连衣裙

长款的针织衫更具慵懒和居家感，和同色系连衣裙搭配起来，会显得整个人特别温柔、没有攻击性，无论是约会还是和闺密小聚都很适合。但这种穿法更适合身材是 H 形的、没有腰身的高个子女生，它模糊了腰线的位置，整个人看起来比例更好。

Part1

5

永不过时的代表——风衣

风衣永远不会过时

作为穿搭博主的我，虽然拥有一柜子各种奇形怪状的衣服，但是每到换季时，要问我最喜欢的单品是什么，第一个想到的就是风衣，哪怕再过10年、20年，我依然期待自己穿着风衣的样子，应该也是时髦依旧，飒里飒气。

在开春或者初秋这样忽冷忽热的季节里，风衣不仅实穿，还能瞬间提升一个女人的气场和气质，搭配各种连衣裙和各色衬衫，就是大气又利落的大女人形象。裹着风衣走在路上，感觉整个人都很潇洒。怎么选到一件对的风衣，让它可以陪伴你很多年，就是我在这一节想聊的话题。

经典的带腰带的H形风衣更显瘦

每次在跟大家分享怎么挑选外套的时候，发现很多人都喜欢宽松肥大的款式，期望能遮肉显瘦，但这个思路在挑选风衣时是行不通的，反而越遮越显胖。我会更推荐大家去尝试合身的、经典的H形风衣，不论是敞开穿还是系起来，都可以修饰身形。另外，在试穿的时候不要只看正面，对着镜子侧身看看，你会发现H形风衣把你衬得高挑又笔挺。

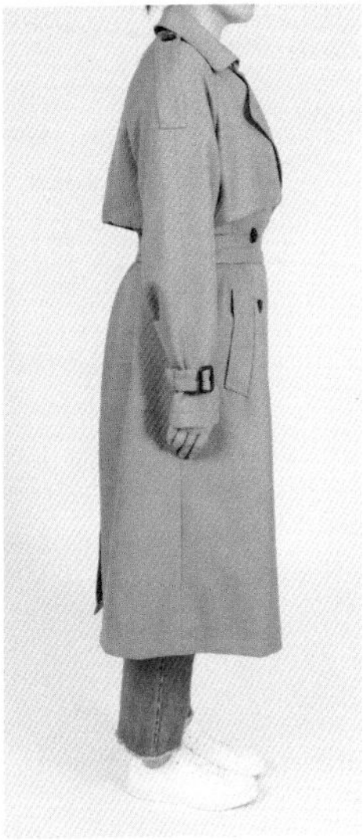

宽松肥大款式 /H 形款式

风衣的领座要立得住

风衣领子越大，风格感越强。但是千万不要忽略领座，如果领座的支撑度不够（一般领座太宽，支撑度大多不够，两指到三指左右就太宽了），风衣领子会整个摊开在肩膀上，看起来肩宽背厚。而领座的支撑度足够的话（大约一指到一指半的宽度），风衣领是立起来的，可以帮我们修饰斜方肌和圆肩驼背，让身形更挺拔。

另外，想要风衣穿起来不鼓囊，也要注意袖笼的宽度，太宽的话抬手时手臂就会显得特别粗壮。修身一点的袖笼不管从正面还是侧面看，都会很好看，更衬身形。

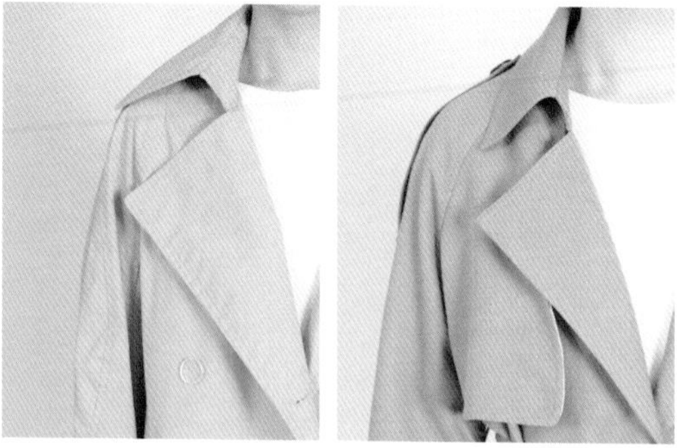

领座无支撑力 / 领座立挺

面料选轻软的还是硬挺的?

不同身形适合的风衣也不尽相同。如果你上半身比较圆润丰满，可以尝试面料偏厚、硬挺一点的基础款风衣，穿起来有分量感，同时也显得沉稳；如果你上半身比较纤细，胯和大腿部分比较有肉，我更推荐面料轻软的小廓形风衣，布料贴合身形自然下垂，走起路来衣摆飘荡，更显轻盈松弛。

小个子不能穿长款?

选对风衣的长度很重要。尤其是小个子女生很怕穿风衣太长会压身高，大多会选择中长款风衣。但不得不说，在买过那么多风衣之后，我发现最挑身材、容易显矮的风衣，其实是长度在膝盖上下的中长款。风衣并不是越短越显高，稍微长一些是没有关系的，只要衣长不超过脚踝，最短也不要在臀中线以上。我试下来在膝盖下 10cm 是非常好看的长度，卡在膝盖和小腿肚偏上的位置，视觉上会更显高、不压个子，158cm 以上的女生都可以穿，这个长度基本上搭裤子、裙子都没问题。

Tips

有一个小技巧推荐给小个子女生。风衣显高很重要的一点，其实是在后背的腰带结上，很多人忽略了这点，往往随便一系就出门了。但是如果你的腰带已经垂到了屁股上，那真的非常压个子。想要利落显高，风衣腰带的结要系在后腰的位置。当腰带拉高之后，相当于重新划分了腰线，腿的比例更好，自然整个人会更加显得高挑。

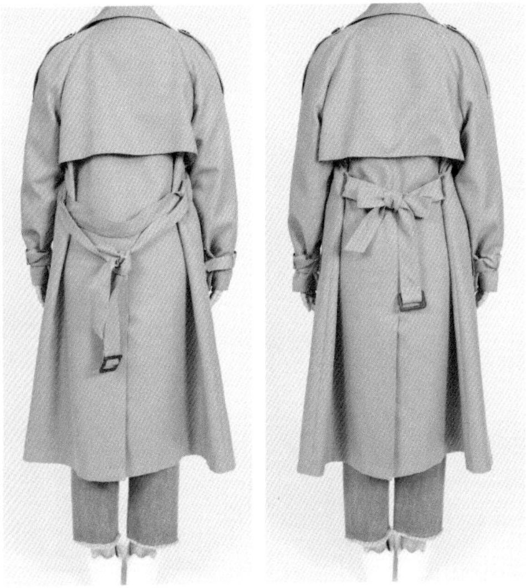

腰带没系好 / 腰带系好

搭配
049 工作日

风衣 + 衬衫

这个组合是春秋上班的标配，干练又利落。想要更有细节一点，可以选择我这种条纹衬衫，并且保持下半身同色。如果你是 160cm 以下的小个子女生，这组搭配会非常显腿长且时髦。（当然很多职场场合是不能穿短裙的。可以替换成同色调的长裙配短靴。）

搭配
050 休息日

风衣 + 皮质九分裤

当我今天想要把风衣穿得更帅一点，这个公式是我的首选，再加上一件醒目色调的披肩让整体搭配多了一些活泼的休闲感。如果你是肩宽背厚的圆肩，这种搭配会在视觉上修饰掉厚重的感觉。

搭配
051

短风衣 + 阔腿裤

又是一个小个子女生友好的穿搭公式。如果风衣腰线上有抽绳或者腰带，配合垂顺的拖地阔腿裤，显高的效果会加倍。当两件单品的风格感都比较强的时候，多用与裤子同色的条纹过渡一下，整体的和谐度会更高。

搭配
052 工作日

风衣 + 条纹衬衫

这个组合就是我小时候印象里 OL（白领丽人）的专属着装，颜色和衣服的线条都非常简单，反而更能衬出高品位。另外，在长风衣里利用衬衫的竖线条和高腰裤打造分明的腰线，稍微有点小肚腩也能被遮得很好，整个人就是瘦长的感觉。

搭配
053 休息日

风衣 + 衬衫 + 短裤

很适合季节转换的时候穿，咖色的风衣可以跟很多亮色衬衫组合，配上百慕大短裤，整个人就非常帅气，加上这种不过膝的骑士靴，气场更强，也不会让人觉得头重脚轻。PS：全身颜色比较多的时候下半身可以保持同色，看起来会更和谐。

搭配 054

搭配 055

风衣 + 针织开衫 + 白 T 恤

这么经典的组合不用我多说了吧，万能的蓝色牛仔裤，休闲又随性，很适合大腿比较有肉的女生。黑色的针织开衫内搭白 T 恤，有种漫不经心的酷劲儿。

风衣 + 针织背心 + 衬衫

同样是黑色短裤，换了一件黑色针织背心，整体有种文艺的书生气。露出来的腿部留白，在视觉上可以提高腰线，很显腿长。不管是日常休闲还是约会，都可以轻松驾驭。

搭配
056

搭配
057

风衣 + 皮裙

风衣是最值得玩混搭的单品，我常穿皮质的下装去搭配它，材质碰撞的时髦感非常强。不用担心显腿粗，遮得住，很适合想尝试皮裙的梨形身材女生。

风衣 + 条纹衬衫

在基础的穿搭公式上，想尝试点新鲜感，所以做了红绿色的撞色。像这种颜色冲突非常强的撞色系，最协调的搭配是一明一暗的搭配法则，红色很亮，但风衣我选了暗些的军绿色。

搭配 058

搭配 059

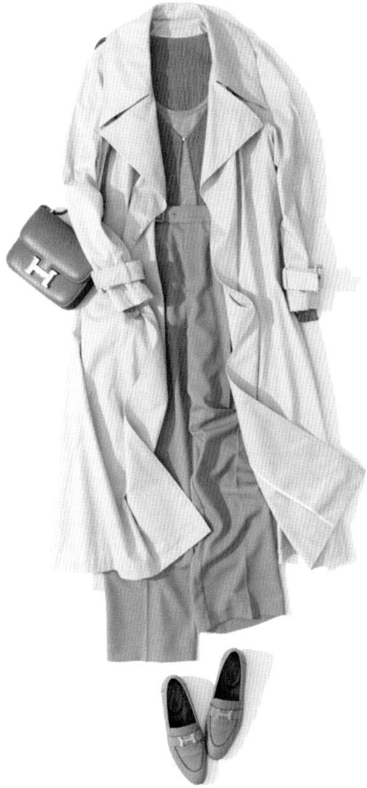

风衣 + 条纹衬衫 + 短裤

这种组合前面几套搭配已经说过了，但是换个颜色，又有不同的新鲜感。穿搭公式的意义就在于，在款式不变的基础上，每天换个颜色搭配，都好像在穿新衣服一样。

风衣 + 针织开衫 + 阔腿裤

针织开衫和阔腿裤是廓形风衣里非常显瘦的内搭方式，针织开衫的扣子记得别扣完，稍微留下的小 V 领能很好地修饰脸型，非常显脸小！

Part1

6

经典与流行的结合——小香风外套

小香风，经典中尽显随性的高级

潮流风向总是在不断变换着的，从复古风到老钱风，各种风换着刮，但是无论过了多少年，有一种风却常年不衰，那就是无比经典又有气质的小香风！

看到这里你可能会有疑问，为什么我把小香风外套归类到我的“10个基础款”里面？华丽的风格和较高的价格以及搭配的复杂度，让这类单品看起来并不基础。但很奇怪的是，作为一个职场需求很高的女性，我的小香风外套出场次数甚至高于我的西装！当我意识到这点的时候，非常想跟大家分享“老佛爷”Karl Lagerfeld 的一句话：“有些东西永远都不会过时，就是牛仔裤、白衬衫与一件小香风外套。”

我选小香风外套的心得

1. 买 H 形，不要买收腰的 X 形

没有超模的身材和气场，X 形很容易穿出一种用力过度的土感，简约休闲的 H 形会更不挑身材。同时尽量选择到胯骨上的长度，更显身材比例好。另外，近年流行的，不管是款式还是面料，都会更加简约一些，摒弃了传统小香风外套四个口袋的设计，变成两个口袋或无袋，搭配度也更高些。

2. 买黑色或者白色

经典色不出错，像小香风外套这种面料复杂的衣服，配色越简单越好搭配。今年的流行趋势相较于传统混色的粗花呢，纯色款更受欢迎，所以尽量避免买很丰富的配色或者饱和度很高的小香风外套，一不小心就会显得很老气，而且非常容易过时。

3. 注意细节

风格比较贵气的衣服都要有考究的细节，不然很容易拉低整体搭配的档次。小香风外套的金属扣、链条或花边装饰都是这件单品质感的体现。要避开那种镀了金色的塑料纽扣，多次洗涤掉色之后，会显得很廉价。

总结下来，选择简洁经典的版型搭配有细节感的纯色粗花呢面料，保持面料肌理感的同时，选择纯色的（纯黑、纯白等，皮肤白皙的女生也可以尝试金色调），避免特别华丽、颜色复杂的面料，加上金属纽扣和镶边做点缀，这件已经足够用来出席正式一点的场合或者是日常通勤了。

搭配
060 工作日

小香风外套 + 小黑裙

这是经典的穿搭公式，只要小黑裙长度不在膝盖以上，几乎可以适配所有正式的场合。我自己会更喜欢在这种经典组合里，增加细节，比如略夸张的花苞领衬衫，优雅之余增加一点新鲜感。

搭配
061 休息日

小香风外套 + 牛仔裤

我很喜欢用牛仔裤去搭小香风外套，有点 Old Celine（极简主义的代表）的感觉，牛仔裤的随性正好中和了小香风外套本身过于正式贵气的感觉，变得休闲好穿。如果想让自己风格更突出，红色的包包和鞋子是不错的搭档，小面积的亮色撞色会让搭配变得更时髦。

搭配
062 工作日

小香风外套 + 红色阔腿裤

在穿着黑色小香风外套的时候，一抹红色真的如注入灵魂，也是无论何时都通用的时髦法则之一！当然这个组合更适合对职场着装要求不高的公司。

搭配
063 休息日

小香风外套 + 牛仔短裤 + 高筒靴

这是小个子百搭不错的穿搭公式，拉长腿的效果是立竿见影的。同时休闲风格的加入也使小香风外套不再显得那么郑重其事，多了一些清爽俏皮的感觉。大家发现没，单品的风格并不是固定的，可以随着你的穿搭方式随意切换，可盐可甜。

搭配
064

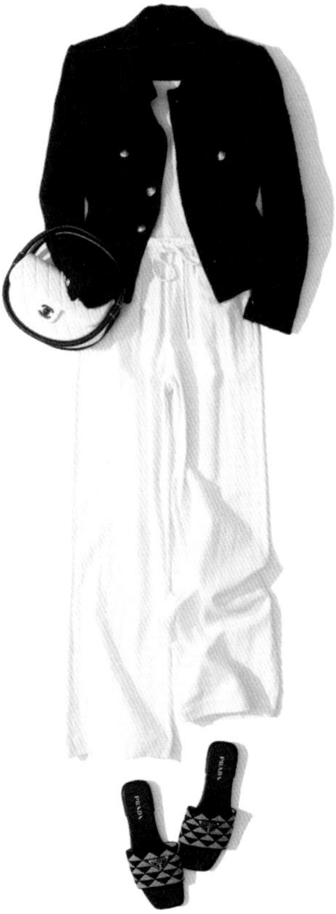

小香风外套 + 阔腿裤

其实这件严格来说不算是小香风外套，只能说是有点小香风风格的外套，是我私心想放进来的。像这种比较紧的小外套，我很推荐大家试一下跟阔腿裤组合，尤其是腰腹比较肉肉的女生，一紧一松的组合会很显腰身细。

搭配
065

小香风外套 + 碎花连衣裙

搭了一条碎花连衣裙，不同材质的碰撞让风格感更突出。裙子是宽松款的，对肚子上有点肉肉的女生很友好。白色的小印花很吸睛，裙长刚好到小腿肚，搭配偏短款的小香风外套，还挺凸显身材的，不压身高。

搭配/066

小香风外套 + 阔腿裤

这套和前面搭配公式是一样的，只不过换了上下单品的颜色，依然很好看。所以不知道怎么搭配小香风外套时，直接套一条阔腿裤，是穿得好看的最简单的搭配方案。

搭配/067

小香风外套 + 半裙

偏 X 形的小香风外套长度刚好盖住屁屁，其实还挺适合梨形身材的女生。但是外套款式本身的风格感比较强，下半身就要从简，搭配上不想让整体颜色太暗沉，所以用了白色的裙子和嫩粉色的针织衫去做提亮。另外，佩戴珍珠配饰，也是冬季穿搭不沉闷的秘诀。

Part1

7

30+女性的减龄单品——牛仔裤

牛仔裤，任何身材都通用

说真的，在写牛仔裤这一章节时我纠结很久，是要给大家推荐好穿的款式，还是跟大家分享如何挑选到一条品质好的牛仔裤？

我想了很久，总结出了几个适用于所有人的牛仔裤挑选技巧。每个人的体型不一样，对我来说的“神裤”在你那里可能就是“踩雷”，但这几个小技巧是通用的，可以帮助大家选到基础分在 70 分以上的牛仔裤。

牛仔裤挑选大法

牛仔裤好不好穿在于以下三个细节。

1. 看裆部

牛仔布属于裤子里比较硬的材质，如果遇到卡裆问题，那就是最难受的穿着体验！所以我们第一步就应该先看牛仔裤的裆部，裆底后浪比前浪长出 2~3cm，差不多是两个手指的宽度，这种牛仔裤穿起来就会比较舒服。

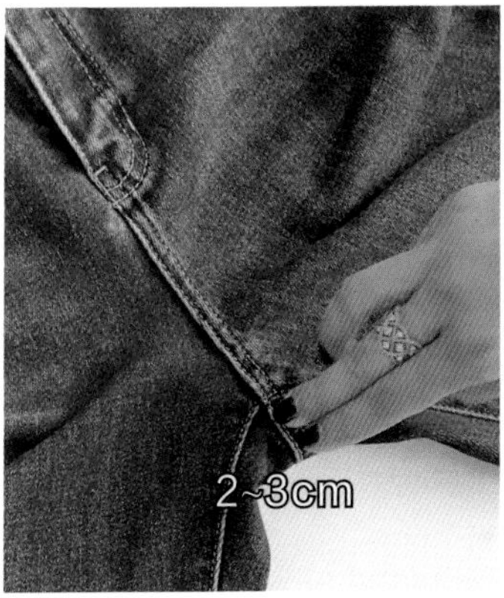

将裤子对折之后会更明显。

不卡裆牛仔裤 / 卡裆牛仔裤

2. 看后浪

牛仔裤的臀部裁剪真的很重要。为什么别人看起来屁股这么翘，我们在穿牛仔裤的时候就是一个方方正正的屁股？除了身材本身的问题，裤子也有一定的责任！将牛仔裤正面对折之后，中缝弧度更大的牛仔裤，对屁股的修饰效果更好。我自己本身是扁塌的臀型，但是穿这种牛仔裤莫名觉得还挺翘的。

中缝弧度大 / 中缝弧度小

3. 看胯部线条

如果你穿牛仔裤尺码完全合身，但是胯部紧绷到没办法把手塞到口袋里，就要注意看牛仔裤两侧的线条是否有弧度。有弧度，说明给胯预留了宽松量。如果是直上直下的直线条，那么大概率胯部会紧绷。

Tips

在买牛仔裤的时候，有个部位是最容易被忽视的，就是牛仔裤的腰部内侧。腰部内侧的车线部位是紧贴肌肤的，如何判断这条牛仔裤长时间穿会不会压肉、磨皮肤？最简单的方式就是直接用手摸！摸起来它不会有明显拉手的感觉，车线是平滑的，这种做工一般比较好，穿起来大多是舒服的。

搭配
068 工作日

牛仔裤 + 条纹衬衫

一件简单的条纹衬衫，搭配浅色牛仔裤，会稍微有一些男孩子气，但同样也会显得特别有活力。配上撞色的高帮帆布鞋，非常减龄，很适合带着宝宝踏春的妈妈，时髦的同时也很方便。

搭配
069 休息日

牛仔裤 + 小香风外套

如果你的工作场合没有非常明确的着西装套装的要求，这套就是春秋季特别清爽干净的通勤搭配。

搭配
070

牛仔裤 + 针织开衫

这是一组开春或入秋的时候很温柔的搭配公式。如果你是小个子的女生，可以尝试选择高腰款牛仔裤，开衫里的内搭领口不要太高，增加上装的露肤度，在视觉上也能拉长腿部比例。

搭配
071

牛仔裤 + 牛仔衣

牛仔套装是不知道穿什么的时候，最好的选择。经典的红色条纹上衣，也是搭配牛仔裤的最佳单品。这就是我认为的，在舒适范围里穿出时髦感的经典公式。

搭配
072

牛仔裤 + 亮色衬衫

选择九分长的白色牛仔裤搭配高帮帆布鞋，条纹衫和棒球帽也都很减龄。如果能挎一只撞色的包包，整个一身立马年轻 10 岁！白色的牛仔裤可以选择偏锥形的，腰腹比较松弛，能更好地包容小肚子。

搭配
073

牛仔裤 + 亮色衬衫

Oversized（超大）的亮色衬衫可以当作外套穿，内搭一件短上衣，这种上短下长的穿衣套路，非常显高又显瘦，很适合春夏换季穿。

搭配
074

牛仔裤 + 牛仔衬衫

把牛仔单品穿出套装感，是非常时髦的穿法。如果你觉得牛仔外套太硬挺，那么牛仔衬衫可以是另一种选择。加一条红色印花丝巾，整体风格看起来更加法式优雅。

搭配
075

牛仔裤 + 皮质马甲

这套我是在一本杂志上看到的，并不适合大多数人。如果你是比较高挑的 H 形身材，可以大胆尝试，用牛仔裤搭配皮质马甲这种风格感比较强的单品，就很有沙漠女郎帅气的感觉。除了材质上的碰撞，撞色的效果也很吸睛。

Part1

8

冬天的气场单品——大衣

大衣是我冬天的气场单品

在寒风凛冽的季节里，一件可包裹全身的大衣所提供的安全感是无与伦比的，无论内搭什么，套上大衣，“气场”两个字就刻到了骨子里。

作为南方人，在我的冬天里是没有羽绒服这种东西的。在一个又一个湿冷的南方冬天，都是大衣在陪伴我。作为一个合格的大衣爱好者，我也几乎尝试过所有的款式，直筒形、收腰形、伞形、茧形，甚至是很夸张的设计师款，但每次到了换季的时候，好像常穿的还是那几件。所以在写这一节的时候，我把几件我常穿的都翻出来，总结了一下我的选大衣心得。如果你穿大衣的时间也多于穿羽绒服的时间，想要选到一件经久耐穿且不过时的大衣，下面的一些个人建议，也许会对你有帮助。

我的大衣挑选心得

1. 宽松 H 形更实穿，但要够长

认真来说，最不挑身材的就是 H 形款式了，显瘦显高还非常有气场，也是大家最常见的大衣版型。其特点是上下一样宽窄，不挑身材，穿起来干练随性，大多数女生都能驾驭。想要有一点曲线的话，在大衣外加一条宽腰带就可以，有明显的腰线，小个子微胖的女生也能穿。但同时要注意长度，大衣的长度如果太短是很难穿出松弛感的。一般我会比较建议选择长度在小腿中间左右，这样不论下半身是搭配裙子、裤子还是靴子，都能很好地适配。

2. 四种颜色，足够你整个冬天搭配不重样

每年大衣的颜色都层出不穷，我的衣柜里也来来去去了很多颜色的大衣，但是唯独这四种颜色的大衣，一直留存在衣柜里，每年穿着率都很高：黑、灰、棕、红。除了这四种颜色，我不会花大价钱买其他颜色的大衣，因为淘汰率非常高。

3. 除羊绒之外，驼绒也值得一试

不是只有羊绒大衣才叫大衣，羊绒大衣独有的丝光感以及顺滑亲肤的手感是很多材质都无法比拟的，但这种面料也自带成熟气质。如果年纪在 30 岁以下，其实也可以选择好品质的羊毛以及驼绒混纺面料，它们也有很好的质感，尤其是驼绒，这种扎实手感的材质和蓬松的包裹感，让大衣的风格感格外突出。

4. 接受所有大衣都会起球这一现实

哪怕是我几万元买的大衣，每年冬天依然需要经常去毛球，这很正常。

Tips

大衣的清洗及保养

尽量减少大衣的清洗，一个冬天清洗一至两次，但要经常清除沾在大衣上的灰尘和毛球，可以使用去毛球器和黏毛滚轮定期清理。

不穿的时候挂在衣柜里，尽量不要折叠或者挤压，因为很容易使大衣变形。在衣柜里存放的时候一定要记得放炭包和防虫剂，以免大衣受潮发霉和被虫蛀咬。

搭配
076 休息日

大衣 + 背心连衣裙

这组搭配对苹果形和梨形这两种身材的人很友好，无论是小肚子还是宽胯都遮得住。这种无腰线的裙子会把人的腿部比例拉长，外面再套上一件 A 形大衣，不仅遮住缺点，还能凸显利落帅气的时髦感。

搭配
077 工作日

大衣 + 长靴

我很爱把大衣当成一件放大的连衣裙穿，扎紧腰带，配上过膝长靴，就是秋冬也能拥有女性线条美。如果你是小个子，很推荐尝试一下这种方式。内搭保持简单，小高领白衬衫加上小黑裙，这样即使脱掉大衣，也很好看。

搭配
078 工作日

搭配
079 休息日

大衣 + 皮质半裙

这是冬天最常见的一组搭配。我习惯上身的针织衫选略薄一点的，看起来不会过于厚重，但也足够温暖。我非常推荐腿型不好的女生，用皮质伞裙配合无扣半敞开的大衣，会比穿直筒牛仔裤更时髦。在冬天如果里面套一条打底裤，会密不透风，非常保暖。

大衣 + 同色打底衣 + 牛仔衬衫

这虽然看起来很复杂，却是我秋冬穿搭最多的组合。这种“三明治”配色法适用于所有的大衣，能保持风格的一致，简洁之中自有气场。

搭配
080

大衣 + 亮色衬衫 + 针织背心

很英伦学院风的一个穿搭公式，利用亮色的衬衫作为背心的内搭，控制露出的面积，不仅增加了穿搭的层次感，更打破了秋冬沉闷厚重的感觉。像这种比较基础的灰色大衣，配件的颜色可以大胆一点。

搭配
081

大衣 + 西装套装 + 丝巾

其实这个搭配并不稀奇，大衣加上西装套装的组合是很多职场女生秋冬季会选择的穿法。但是很推荐大家在西装和大衣的夹层里，增加一条亮色的丝巾。对于很多秋冬季深色系的外套和套装，一个提亮的过渡色可以让你的搭配没有那么乏味。

搭配
082

大衣 + 亮色毛衣 + 同色围巾

秋冬天黑色大衣只要按照这个穿搭公式，就能摆脱沉闷，穿得好看。注意，亮色毛衣和围巾要保持同色，并且下半身颜色不要太重。我这套下半身穿的是格子半裙，颜色有呼应的同时，也不显得太暗，所以整体看还是很和谐的。

搭配/083

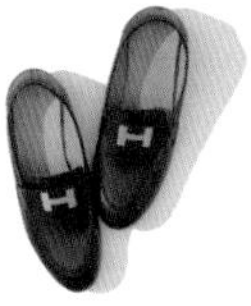

大衣 + 条纹衫 + 亮色围巾

黑白红的组合，如果衣柜里有黑色大衣，很推荐大家试一下这么穿，是很日常但又很亮眼的搭配。如果是小个子的话，围巾垂下来的长度不要超过腰线，否则会压个子。

搭配/084

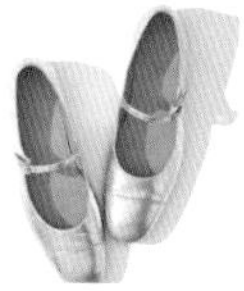

大衣 + 亮色针织毛衫

这是黑白红的另一种搭配。如果是不常戴围巾的女生，可以把红色的单品换成针织内搭，效果也是一样的。

搭配
085

大衣 + 西装

大衣叠穿西装是近几年很流行的穿法。可以选择和大衣色差比较大的西装，把领子翻出来，形成拼色大衣的效果。想要细节搭配度更高，可以使下半身和西装颜色保持同一色系，全身不超过两个主色调，就很容易穿得好看。

Part1

9

不被潮流左右的优雅——小黑裙

小黑裙，越简单越出挑

不管当红的流行风格是什么，国风、法风、静奢风、知识分子风……，你都能在里面找到小黑裙的影子，从不被潮流左右。在很多正式或不正式的场合里，穿着一条有品质且剪裁得当的小黑裙无疑是最不出错的选择。在很多次粉丝因为自己不够白、瘦、高，不敢穿这不敢穿那，又想让我推荐合适的单品的时候，我都会由衷地推荐小黑裙。

只要选得对，任何人都能穿好看。

我们总说高级的尽头是极简，但小黑裙的款式非常多，连衣裙、半裙、礼服裙……形形色色的小黑裙里也不是所有都能完美适配我们的。这一节我想说的其实是黑色半身裙。不论是搭配度还是实用性，一条好穿的黑色半身裙都比其他款式要好得多。

那么，一条不挑身材又经典耐穿的小黑裙应该是什么样的呢？

对于我来说就是两个点：**裙摆要大，面料要垂。**

裙摆越大腰越显细

裙摆越大，与腰线呈现的围度差会衬得我们的腰越细，同时大底摆下露出纤细的脚踝，也会显得整个人是轻盈的。不论你身材如何，这两部分的女性线条美都可以通过一条大底摆的小黑裙体现得淋漓尽致。

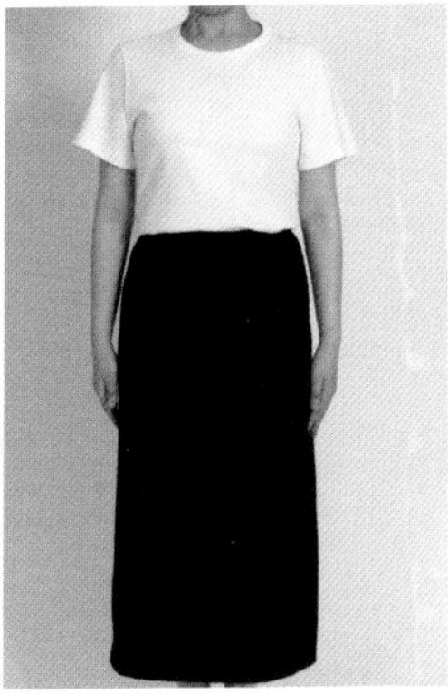
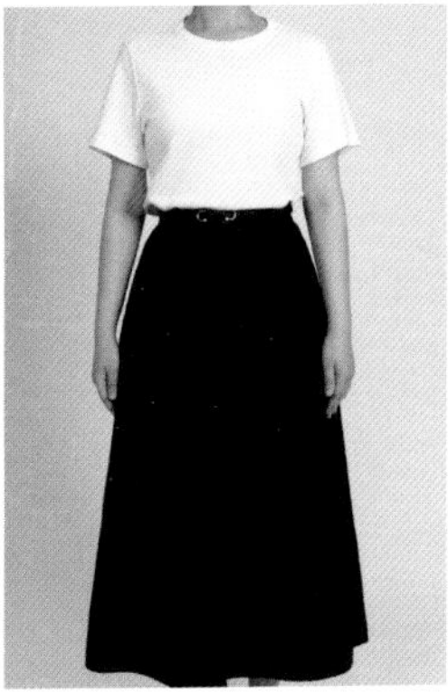

小裙摆 / 大裙摆

面料越垂越显高档

垂顺的面料带来最直接的感受就是高品质、好品位。一走一过，裙摆荡漾在脚边的那种灵动和自然的美好视觉感受，是挺括面料所无法带来的。

垂顺面料

总结下来，在我日常的购物中，挑选小黑裙最看重的还是底摆和面料。这一点已经可以让大家筛掉市面上 80% 的小黑裙，而剩下的大家可以全凭自己喜欢去选择。

搭配
086 工作日

搭配
087 休息日

小黑裙 + 针织衫

这个公式非常基础不挑人，看似简单却意外地适合职场中人。配上一条黑白相间的丝巾，整个人就显得利落又温柔。如果想要更精致点，把常用的腰带换成腰链，会更有女人味。不过要注意的是，针织衫要略修身，不要太过宽松。

小黑裙 + 马甲背心

现在马甲加上半裙的穿法火起来了，两件本身偏职场的单品搭配在一起反而有点混搭的休闲感，同时马甲略微盖住一部分胯部，会让整个人身形显得更纤细，很适合梨形身材的女生。

搭配 088 工作日

小黑裙 + 针织开衫

这个搭配公式跟前面有点像，毕竟针织衫和半裙永远适配。不过比较特别的是我把基础的小黑裙换成了皮质的百褶裙，材质上的碰撞让风格更加突出，给人以利落的职场精英的感觉。全身黑色面积比较大，可以加入一点亮色做内搭，这样就避免了颜色过于沉闷。

搭配 089 休息日

小黑裙 + 衬衫

这个公式看起来平淡无奇，但其实是我最爱在有聚会或闺密小聚的工作日穿着的搭配公式。下班后只要把衬衫前后调换，就从严谨认真的职场穿搭转换成有点小性感的聚会穿搭。而小黑裙则是永恒的百搭单品，承接住了反差极大的两种风格。

搭配
090

小黑裙 + 白衬衫 + 红色披肩

一个很青春、学院风的搭配公式。很多女生会觉得最简单的白衬衫和黑裙子，穿不出什么花样，看着就很死板。其实不然。只要加上一件红色披肩，马上就有干净的学院感。用乐福鞋配一双红色袜子，就是很可爱、很清纯的搭配。（这组搭配意外地很受我周围小个子女生喜欢。）

搭配
091

小黑裙 + 牛仔衬衫

一如前一套的套路，小黑裙真的可以跟任何衬衫组在一起，完全没有割裂感。比较特别的是我选择了条纹的内搭。本身牛仔衬衫颜色比较深，加上黑色的裙子，想要更有呼吸感，搭配条纹偏浅色的内搭就可以中和。

搭配
092

小黑裙 + 红色毛衣 + 条纹丝巾

其实这组穿搭公式的重点并不是单品，而是颜色。不知道你们注意到了没，只要红、黑、白这三种颜色组合在一起，总能迸发出活力且给人高级的感觉。小黑裙作为颜色的重头，跟特别亮色的毛衣之间其实是需要有一个过渡的，所以我用了一条丝巾做腰带，也能起到点睛的效果。

搭配
093

小黑裙 + 西装 + 条纹丝巾

小黑裙和西装的组合是很多职场装的固定组合，但是我更想要在这个基础上有点新意，所以调整了西装的颜色，以及增加了一点细节上的点缀。在一些常见的固定搭配中想要保持新鲜感，除了调整单品的颜色，增加丝巾也是一个很好的方式。

Part1

10

远比你想象的百搭——阔腿西装裤

阔腿裤是冷门的百搭单品

在我的印象里，不管是电影还是电视剧，但凡出现工作场所，干练飒爽的职场精英都有一条让她看起来腿长两米的阔腿裤，踩着一双高跟鞋走在写字楼里，一路带风，气场十足。我在尚未形成自己的时尚态度前，甚至觉得穿了这条裤子好像代表着拥有另一种生活。那是我所向往的、未来的工作中的自己。

当然，如今我也如愿以偿地成为别人眼里走路带风的“女强人”，阔腿裤成为我日常生活中最常穿的下装。一条简单的灰色或者黑色阔腿裤，几乎可以应对我日常生活和工作所有着装需求。

现在时尚圈又开始刮起无性别风和大女主风，阔腿裤更是一跃成为这两种风格中职场女性的品位与态度的时髦担当。阔腿裤重新回潮，整体版型有所改变，裤长也加长了不少，最明显的特点就是“盖脚”“拖地”，比较前些年流行的九分裤，裤腿更长、包容性更大、垂坠感更强。它除了可以为整个人增添气场，还可以很好地拉长腿的长度，从身后看，两条腿笔直且长。

有任何腿型问题的女生，一条宽松垂顺的阔腿裤就可以让腿部线条得到很好的修正，这也是我热爱阔腿裤的原因之一。（对于一个O形腿的人来说，这点太重要了！）这里介绍一条我买阔腿裤的准则：够垂且够长，走路的时候能把裤腿刷刷地甩起来。这样不论是配尖头鞋、平底鞋还是球鞋，都能诠释出不一样的风格。材质的话，比较推荐西装裤常用的面料或者亚麻面料，这些面料比较轻薄，视觉上垂感也更强。

最后说一下搭配上经常收到的问题。很多女生感觉阔腿裤很难搭配，好像当作职场装，没有办法适应很多场合，或者很难与衣柜里的其他基础款搭配。其实并不然，哪怕是一条简单的黑色阔腿裤，也可以适应不同的场合和需求，在后文中我会跟大家具体分享。

搭配 094 工作日

阔腿裤 + 西装外套

如果你喜欢的风格是比较干练成熟、偏职场女强人一点的，这个搭配组合就非常适合你，好看不出错的同时真的省时又省力！怕太死板的话，可以像我一样在西装门襟的位置加条丝巾，这是我最近很喜欢的穿法，有种帅气的女人味。

搭配 095 休息日

阔腿裤 + 白 T 恤

这个最简单易学，也非常适合日常通勤。想要穿出松弛的感觉，T 恤和阔腿裤都要很垂顺，这样整体休闲的风格就会更强一些。

搭配
096 工作日

阔腿裤 + 条纹衬衫

这个穿法有一种精干的利落感，很适合职场。为了避免像套装一样的刻板感觉，可以让单品的颜色亮一点，比如深浅不一的蓝色加上小面积的棕色点缀，就会让搭配更有质感。

搭配
097 休息日

阔腿裤 + 亮色背心

想要更加慵懒随性，可以试试背心叠穿，适当露肤与廓形的对撞，能碰撞出有腔调的潇洒感。

搭配
098

阔腿裤 + 亮色衬衫

这套也是一眼看过去很简单的穿搭，但其实适用度非常高，不论是办公场合还是度假，只要调整一下配饰就很完美。穿着拖鞋和戴个草编帽就可以去沙滩，换双尖头鞋就可以去办公室。

搭配
099

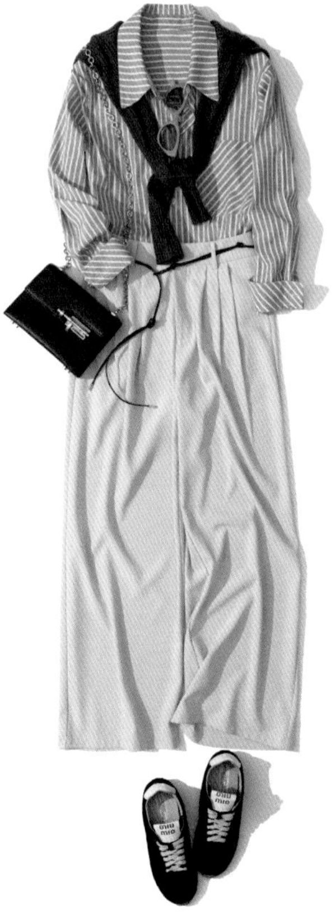

阔腿裤 + 条纹衬衫

这是上半身比较圆的女生日常通勤时很有质感的穿搭。竖线条加上阔腿裤的垂坠感，可以弱化厚重的体态。我自己的肩比较宽，所以习惯在这个穿法的基础上增加一件小披肩来柔和肩膀线条，同时增加时髦感。

搭配/100

搭配/101

卫衣 + 阔腿裤

休闲松弛感非常足。不想把阔腿裤穿得太正式？当然可以，卫衣就是平衡阔腿裤正式职业感的最好单品。周末带娃春游或者去着装要求不严格的公司上班，这套也很合适。

风衣 + 阔腿裤

这是非常经典的法式风格的穿搭公式，小个子也适合。搭配竖线条衬衫，不仅可以显高，其宽松版型还可以很好地提升气场。但是一定要记得：突出腰线，将上衣塞进裤子里，这样不管你身高多少，都能完美驾驭。

Part2

穿搭也有公式
100个不过时的搭配

历久弥新的时尚秘诀

改变，从衣帽间开始

很多人都会问我："洪洪，怎么才能穿得好看？""洪洪，我衣服也不少，为什么总感觉没衣服穿啊？"我觉得这些问题的答案，就在你的衣帽间里，好看或者会穿的前提是你清晰地了解自己有哪些衣服。这句话看起来很简单，但是我见过太多人，不论是在自己的房子里还是在出租屋里，衣服塞满每一个衣柜隔间以及床下的收纳柜，偶尔抽出来一件都要辨别半天，"这真的是我的衣服吗？什么时候买的？我怎么都不记得了"。（我也有过同样的情况，某次整理衣帽间的时候发现了四五条没有摘吊牌的阔腿裤……）一柜子五颜六色、不同风格、没办法彼此搭配的衣服，然而常穿的就那几件。不整理，你就没办法知道原来自己拥有十几件夏天的 T 恤，却只有两条能搭配得上的裤子。

所以，穿搭的第一步是整理你的衣帽间。

改变 1　按品类挂你的衣服

尽量把衣服按品类挂起来：外套、衬衫、T 恤、内搭、连衣裙、裤子、半裙等。这样挂的好处是可以尽量避免找不到衣服的情况，同时只要你拿出一件单品，就可以根据本书前面部分的内容，找到对应的很多种搭配方法。

另外，如果有条件的话，我有一个小建议：在按品类挂的基础上再**按照颜色加以区分**。比如在我挂西装的区域，所有衣服挂的顺序是按照不同颜色，由浅到深。

这样在穿搭公式的基础上，可以方便地通过尝试不同单品的颜色，去提高你的穿搭水平，组合出很多有趣又实用的搭配。比如，在秋天，我个人比较习惯性的穿法是条纹衫叠穿衬衫，穿搭公式固定之后，可以换很多颜色来组合。我自己试下来，蓝、白、棕是一个很有质感又百搭不错的配色方案，大家可以自己搭配看看。

改变 2　精简衣橱

衣橱的状态代表你给其他人留下的印象。已经变硬的皮带、洗不出来的 T 恤、发黄的衬衫，或者肥大到看不出身材的松垮毛衣……每天在一堆不穿的衣服里去搭配需要花费大量的时间和精力，往往结果是，又拿出了常穿的 T 恤和牛仔裤，套上就出门了。所以适时地精简衣橱是非常有必要的，去掉那些困扰你的多余选项，会让你的穿搭越来越高效。

但是哪些衣服该被精简掉，怎么有效地断舍离呢？我自己清理衣帽间的方式可以给大家参考。

通过衣架判断常穿和不常穿的衣服。

衣服在穿完挂回衣架的时候，衣钩反向挂，这样一周或者一个月下来，你就会很清楚地判断出自己常穿的是哪些，哪些是近一周或一个月一次都没碰过的。

集中时间果断断舍离。

在月底的时候把不常穿的集中拿出来再穿一遍，尤其是那些衣柜里从没穿过的不合身的、标签还在的衣服。穿每一件衣服的时候，对着镜子观察自己的反应。如果你对着镜子看了又看，莫名地开心，对自己的状态和精气神超级满意，大概率这就是适合你的衣服。反之，则是该被淘汰的衣服，不论它有多新。重中之重：如果不合身一定要扔掉，不要抱着以后会穿的想法。相信我，那只是你情感的包袱。

改变 3　按照穿搭公式查漏补缺

精简衣橱之后，留下来的衣服规整挂好，拿出一件，对照本书前文的穿搭公式核对缺少什么搭配，这里最重要的是查看自己缺少哪类衣服，并且在下次买衣服的时候，不要只单纯出于喜欢。

购买前想想前面介绍的穿搭公式，考虑全身搭配的可能性。把喜欢的这件单品在脑子里放到自己的衣橱里，想想它能和你已经拥有的单品能不能彼此组合，或者当下直接买搭配好的一整套。有搭配思路或者成套买回家，利用率会远远大于买好看的单品。如果你不知道这个单品该怎么穿，纯粹因为好看买回去，那这件衣服大概率会被闲置在衣橱里很多年。

拒绝打折引发的疯狂购物！这是作为一个穿搭博主的我的忠告！

按照上面的步骤整理你的衣橱，早上至少可以多睡 10 分钟，而且每一天都能很快速地把自己打扮得还不错。

基础款怎么穿更时髦？

会穿比会买更重要。

在做穿搭博主的这些年，我一直想让大家感受到，穿搭可以很简单，哪怕是很基础的款式，通过一些穿搭技巧也能提升整体穿搭质感。前文我一直在说怎么选到适合你的款式以及这些款式可以怎么搭配，重点更多侧重于款式本身。

而在这一节中，会更多地讲如何让衣服更好地衬托女性魅力。我将跟大家分享一些穿衣技巧，主要围绕三种基础款——白T恤、西装、衬衫，通过细节上的整理，让它们穿起来更时髦。这些方法都非常简单，也是我日常用得最多的，有分解步骤可以让大家容易地跟着做，不用担心学不会，基本在出门前30秒内就能将穿搭搞定。

这些技巧非常实用，比如，如何让宽松的T恤更显瘦，底摆怎么塞不臃肿，袖口怎么挽更精致时髦且可以维持一整天不掉，像影视剧中的那种西装怎么穿出飒爽白领气质……希望这些方法可以给你日常的穿搭带来一点小小的灵感。

白 T 恤

袖口怎么挽更有自然休闲感？底摆怎么塞不臃肿？

袖口

1

沿着袖口最外侧的边，用大拇指勾住向外翻折，大概是拇指的一个指节的宽度。注意：只翻折外侧，靠手臂内的袖口不需要翻折。

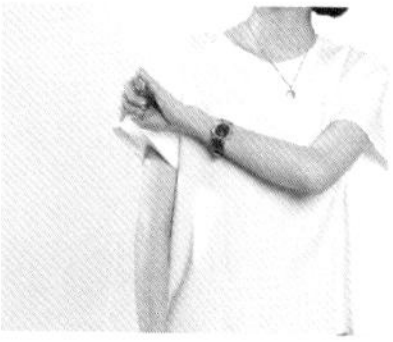

2

重复再一次翻折袖口外侧底边，将翻折部分卷成双层。

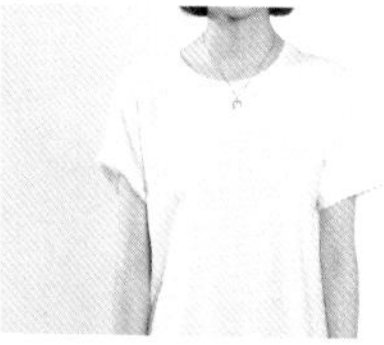

3

翻折好后就是图中右臂袖口这个样子，整个手臂看起来会显细。

底摆

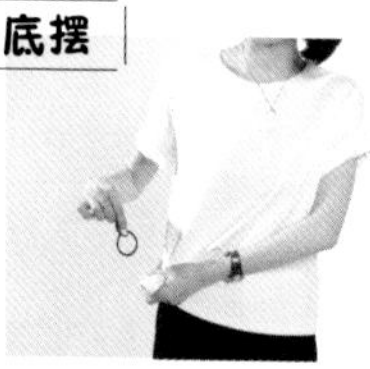

1

捏起一侧的底摆，差不多手掌大小。找一根细一点的橡皮筋。

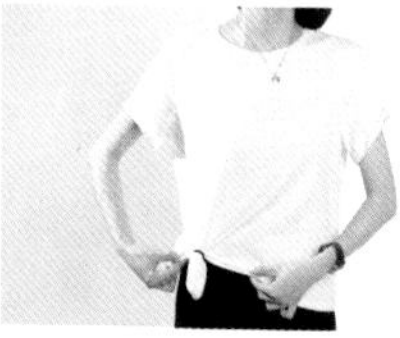

2

将橡皮筋绑在衣摆上，形成自然收紧的褶皱。

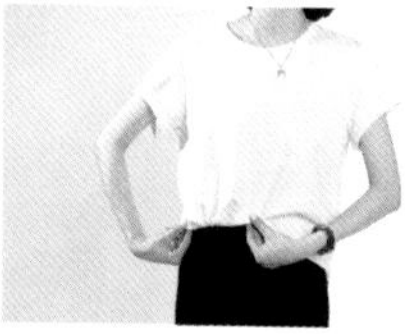

3

将系起来的小揪揪向内翻折，轻轻地整理一下褶皱边缘，让它更平整自然。同时可以耸一下肩，看一下衣服高度是否合适，不要露腰或者太过紧绷。

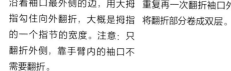

衬衫

袖口和底摆怎么打理看起来更精致利落?

袖口

1

将扣好的袖口向上翻折（衬衫袖口非常窄的话，可以解开第一颗纽扣后再向上翻折）。

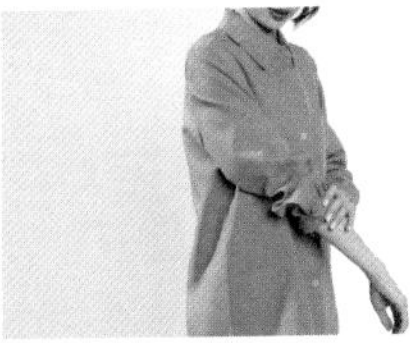

2

将袖口向上推到小臂中段上方距离手腕三分之二的位置，避免卡到肘关节影响活动。

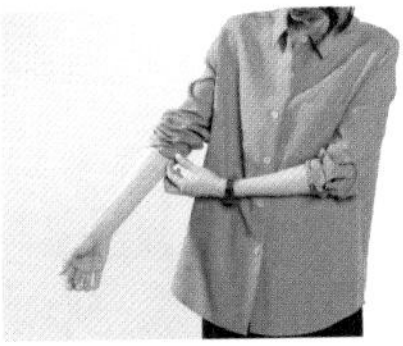

3

将手臂内侧的袖口再次翻折卷成双层，固定袖口位置，手臂外侧依然保持单层。

底摆

1

将底摆全部塞到裤子内，塞平整。

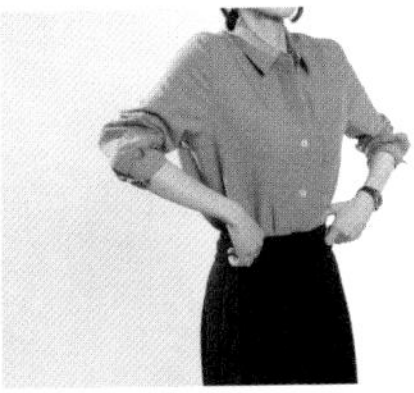

2

勾住裤子腰头并且向上耸肩，使衬衫被均匀拉出来一些。

3

放松肩膀，整理衬衫下摆盖住裤腰。这个宽松度是刚好的，抬手或者走动都留有活动的空间，又不会看起来累赘。

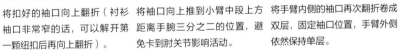

西装

西装怎么穿出飒爽白领气质?

袖口

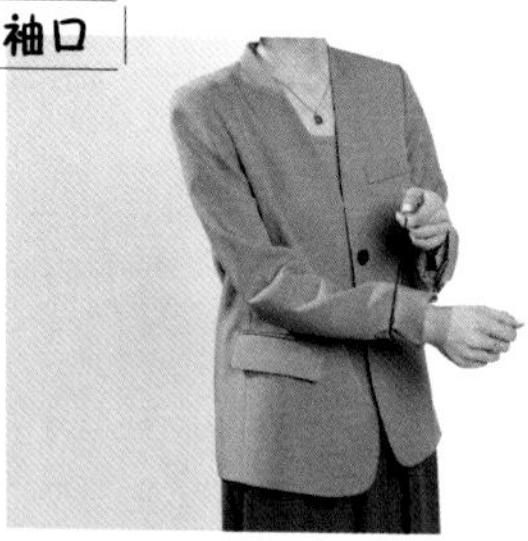

1

取一根皮筋套在西装袖口上方约 15cm 的位置,皮筋不要太紧(容易勒出印子),可以选择松一点的。

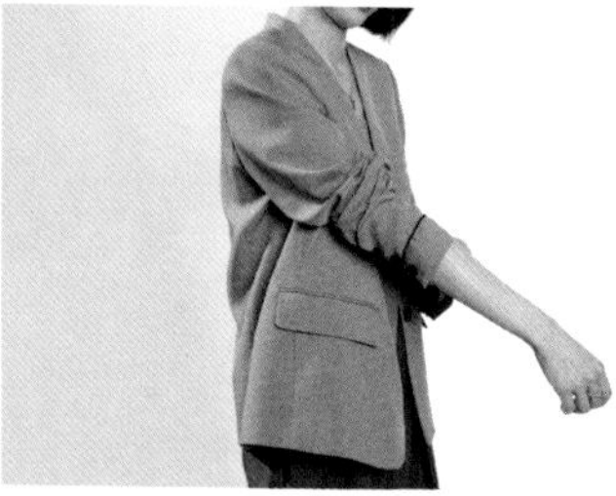

2

向上推袖口到手肘下方的小臂处,距离手腕三分之二的位置。

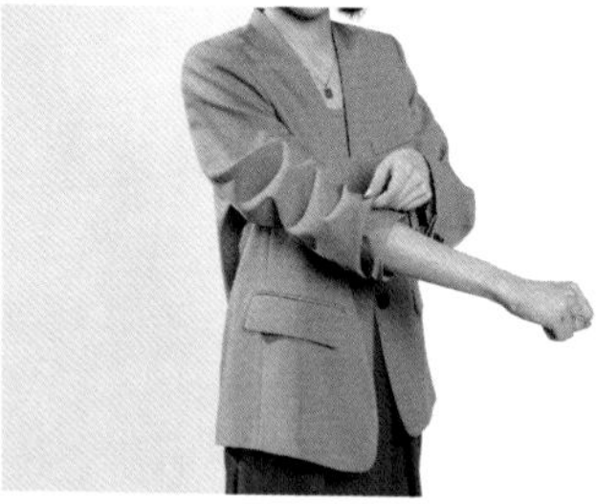

3

整理一下皮筋上方的袖子,向下翻折盖住皮筋。

4

整理后就会形成自然的挽袖子效果。

画龙点睛的饰品搭配思路

虽然饰品无数，也讲过很多饰品的搭配技巧，但如果要分享一个最简单、好上手的，真的可以为穿搭点睛且百试不错的方法，那就是配饰要保持一个重点，你可以理解为只选一件最喜欢的戴。比如，我特别想戴大耳环，就不要戴项链了；如果我的戒指很夸张、很闪亮，那么就不用再戴手镯了。

在很多日常的搭配中，配饰从简比花哨地戴一堆更容易突出品位。

这不是说混搭或者繁杂的叠戴不好看，而是当你不知道怎么搭配配饰的时候，从简会让你看起来品位更好。听起来很简单是吧，无非是选一个最想戴的。但其实，我们常有很多既要又要还要的时刻，从简并不如听起来那么简单。

每个人的佩戴习惯不一样，在心里可以提前暗暗排个序。像我怎么都不会不戴耳环，那么这个品类在我心里就是第一位的。再就是手表、戒指、项链，在我难以抉择的时候，我会按照这个顺序去判断。大家也可以在心里对这些配饰排一下序。

丝巾的 5 种经典用法

如何在平淡的生活穿搭中加入一点氛围感？我的答案是，**多用丝巾！**

我非常喜欢大大小小、五颜六色的丝巾。不论是在日常的分享中还是在本书的前半部分，你都能发现很多丝巾参与其中的造型。对于钟情于基础款的女生来说，丝巾能够为我们日常的搭配制造出不同的感觉和风格。哪怕是同一套搭配，不同的丝巾用法也能赋予人完全不同的魅力。

说到丝巾，有一个不得不提的必备款——黑色条纹方巾。在很多无法预见的情况下，它是你颈边精致又温暖的存在。将丝巾随性地围在领口，哪怕是一条最简单的小黑裙也会变得生动，帮助你完成造型的转换。我自己会经常把丝巾作为穿搭的“小心思”，为基础搭配打造新鲜感。在这一节里，我一共总结了 5 种简单易操作的丝巾系法。挑选一条最适合你的丝巾，跟我一起试试看吧。

领巾结

1

2

将丝巾斜角对折，变成一条三角巾，整理平整后放在领口。食指和中指并起，用丝巾的一角绕一圈。

3

4

将丝巾角从右向左穿进两根手指中间，打一个结。

5

6

将丝巾另一个角从这个结中间穿过来。

发带结

1

2

把头发系起来之后，将丝巾整理成长条形状，绕过皮筋打一个结。

3

4

将丝巾两个角整理成一上一下，把上方的丝巾拉开一些，盖住发尾。

斜巾结

1

2

3

将丝巾斜角对折，变成一条三角巾，整理平整后放在领口。

抓住丝巾的两角，一上一下打结。重复一遍，再打一个结。把打好的结放到肩膀一侧。

小高领结

1

2

将丝巾斜角对折，变成一条三角巾。用一个戒指穿过丝巾两角，卡在领口稍下一点的位置。拎起丝巾两角一左一右，向后拉。

3

4

在颈后打个结，调整丝巾的松紧，将丝巾的上边向下翻折盖住这个结，使丝巾更平整好看。

项链结

1

2

戴好一条珍珠项链，比领口略低。将丝巾卷成长条形，从项链的中间穿过。将丝巾一端顺着项链一侧由外向内缠绕。

3

4

另一侧用同样的方式缠绕至颈后。整理颈前丝巾和珍珠项链，让其看起来平整均匀。

5

6

丝巾的两端在颈后打个结。

一点亮色的使用

在不改变穿搭方式的基础上，怎么让自己看起来很会穿？

在我的日常穿搭中经常会用到的一个穿搭巧思就是，**多用饱和度比较高的亮色作为整身搭配的点缀**，尤其是在穿基础款的时候，不仅会给人眼前一亮的感觉，还会让我的穿搭更有重点和层次感。合理运用亮色也会让人显得气色更好、更年轻。当然，总有不少人说，因为我比较白，用亮色才会好看，但自己皮肤黑，很多颜色都不敢尝试……其实不然，你只是没找到亮色使用的方法而已。

想用好亮色最重要的一点是控制颜色露出的面积。一开始可以从小面积尝试，比如包包、鞋子、丝巾、披肩。怕颜色影响肤色的话，可以把亮色放在下半身，同时利用包包或者披肩的颜色作为呼应，来平衡不同颜色之间的对比冲突，让整体搭配看起来更和谐。

一个不像后记的后记

这是我的外婆，我一直叫她“neinei”，这在潮汕话中是肉肉，心肝宝贝的意思。因为一次无心之举，外婆跟我拍摄的换装视频在网上火了，从那之后她就成为大家的互联网外婆。

我听到太多人说，因为外婆，已经不害怕自己老去的样子了。那一刻，“岁月从不败美人”这句话，在外婆的身上具象化了。

外婆说她从 30 岁起就开始长白头发，所以从那时候起她一直把头发染成红色。而在 50 年前很少有人会特立独行地染这么亮色的头发，她是村里的第一人。面对当时村里人的指指点点，她只是大大方方地回应：“我自己喜欢就好。”她从不给自己下定义——这个年纪我只能做什么或者不能做什么。

她一直主打的信念就是——“我喜欢就好”。

所以这么多年过去了，哪怕现在她已经 83 岁了，她依旧每天给自己收拾最精神的发型，出门的时候涂口红，两天敷一次面膜。穿了 20 年的裙子，也从来不会觉得自己年龄大了，不可以像年轻人一样穿裙子。

为什么会很想跟大家分享外婆的故事呢？因为我真的想给现阶段对自己没有信心，甚至会习惯性地否定自己的读者们，一点点相信自己的勇气和力量。

在想改变自己、想变得越来越好的过程中，我们是辛苦的、敏感的、脆弱的。

在这个过程中，外界的一声评价、别人的一个眼神，可能都会很容易刺痛我们的内心。在我们还没有得到外界支持的时候，让我们无条件、无数次地支持我们自己吧。

当你开始自我否定、自我打击的时候，请你回来反复看这段话。

请你相信，你值得一切美好的。
不管是什么阶段的你，你都是最独一无二的。